未来に飛び立つ

最新 宇宙技術

監修 渡辺勝巳 佐賀県立宇宙科学館アドバイザー

③暮らす──
アルテミス計画、
火星衛星探査計画
ほか

汐文社
ちょうぶんしゃ

はじめに

　皆さんは、宇宙旅行へ行ってみたいと思ったことがありますか？

　今、宇宙開発は新たな段階を迎えています。世界各国では毎年、数多くの「ロケット」の打ち上げが行われ、それによって地球をめぐる軌道へ数多くの「人工衛星」が投入され、天気予報やテレビ放映、携帯電話通信などに利用されています。

　ロケットはまた、ほかの星へ宇宙飛行士を届ける「宇宙船」や、調査のための「探査機」の打ち上げでも活用され、遠かった宇宙を身近にすることに貢献しています。近い将来には月面での基地建設やそこでの暮らしの実現に向け、ロケットが活躍する日が訪れるでしょう。

　今、皆さんが手に取っている『未来に飛び立つ　最新宇宙技術』シリーズは、新しい時代を実現するさまざまな宇宙技術を知ってもらうために生まれました。

　第３巻の「暮らす」は、月探査、火星探査の話題を中心に、着陸用の宇宙機や着陸後に活躍予定の探査車やロボット、探査の拠点となる基地などの最新技術を紹介しています。すぐに次のページを開いて、「読む宇宙旅行」に出発しましょう！

人類はう、ふたたび月へ、そして火星へ！ ……4

もくじ

人類が月や火星に居住する未来に向けて、食料の現地生産が考えられている。JAXAと千葉大学は、野菜を現地で生産・供給する技術の研究を共同で進めている。イラストのような「月面農場」も必要になるだろう　©JAXA

▼ **この本を読む皆さんへ**

この本でよく出てくる次の名称について

宇宙機＝ロケットを用いて大気圏外（宇宙空間）へ打ち上げられる人工の飛行体のこと。人工衛星、宇宙探査機、宇宙船など。

ロケット＝搭載した推進剤を燃焼させガスを後方へ噴射することで進む乗り物。宇宙機を宇宙へ運ぶために用いられる。

人工衛星＝地球の周回軌道に打ち上げられ、通信、観測などさまざまな目的に用いられる宇宙機のこと。

探査機＝宇宙空間やほかの惑星、衛星などを探査する宇宙機のこと。

宇宙船＝宇宙機のなかでも、特に人を乗せるもののこと。

＊文中の日時は特に記載する場合を除き、日本時間で記載しています

QRコードの使い方について

この本には動画などを見るためのQRコードを掲載しています。動画を見るときは、スマートフォンやタブレットのカメラでそれぞれのQRコードを読みとってください。

動画は本を買った人も借りた人も見ることができます。

QRコードは（株）デンソーウェーブの登録商標です。

★本書では画像提供先の名前は各名称の前に©で表示します。

動画にリンクします

人類は今、ふたたび月へそして火星へ！

1969年に人類初の月面着陸に成功した「アポロ計画」から約50年、人類はふたたび月に降り立とうとしています。

現在、アメリカが中心となり、ヨーロッパ、カナダ、日本などが参加する「アルテミス計画*」によるものです。

NASA（アメリカ航空宇宙局）の計画では、2020年代の後半にはアメリカ人宇宙飛行士が月に着陸、参加各国や民間企業の協力によって、科学的探査や生活のための拠点基地を建設するという予定が明らかにされています。それはまた、2030年代に人類を火星へ送るという、究極の目標の最初のステップでもあるのです。

実現へ向け各国が協力する、月周回軌道上の新たな有人宇宙ステーション「ゲートウェイ」の建設も始まります。人類が宇宙で「暮らす」時代は、もはや遠い未来のことではありません。

＊「アルテミス」はギリシャ神話の「月の女神」で、太陽神である「アポロン」とは双子とされている

NASAが新たに開発する宇宙服は、長時間でも月面での活動がしやすい軽量設計 ©NASA

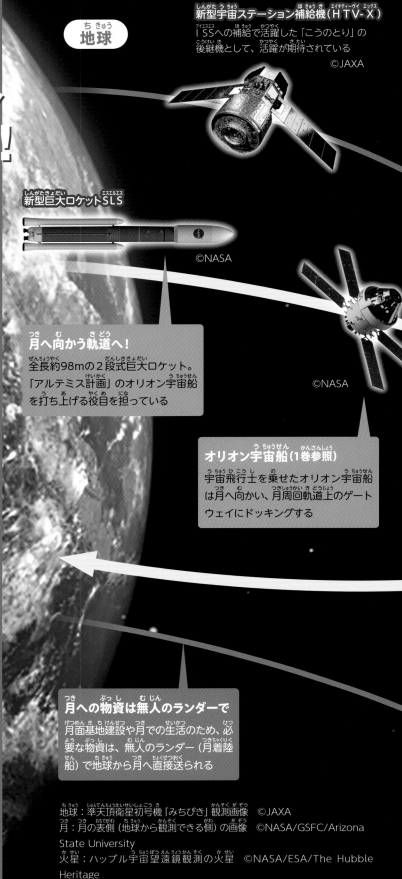

新型宇宙ステーション補給機（ＨＴＶ-Ｘ）
ＩＳＳへの補給で活躍した「こうのとり」の後継機として、活躍が期待されている
©JAXA

地球

新型巨大ロケットＳＬＳ
©NASA

月へ向かう軌道へ！
全長約98mの２段式巨大ロケット。「アルテミス計画」のオリオン宇宙船を打ち上げる役目を担っている

©NASA

オリオン宇宙船（1巻参照）
宇宙飛行士を乗せたオリオン宇宙船は月へ向かい、月周回軌道上のゲートウェイにドッキングする

月への物資は無人のランダーで
月面基地建設や月での生活のため、必要な物資は、無人のランダー（月着陸船）で地球から月へ直接送られる

地球：準天頂衛星初号機「みちびき」観測画像 ©JAXA
月：月の表側（地球から観測できる側）の画像 ©NASA/GSFC/Arizona State University
火星：ハッブル宇宙望遠鏡観測の火星 ©NASA/ESA/The Hubble Heritage

有人輸送

無人輸送

軌道上にステーションを作ることで、月への旅が便利に！

2030年代には
火星への有人着陸も実現
＊JAXA国際宇宙探査センター「アルテミス計画」を参考資料に作成した想像図

火星

ゲートウェイへの物資を輸送
「こうのとり」の後継機のHTV-Xは、総搭載能力が約1.5倍に増加。ゲートウェイへの物資輸送の主力を担う

2050年代には火星の探査と開発が本格化、22世紀には大規模な火星都市で人類が暮らす時代がくるとされている　　　　　　　　作画：Spongy101010

月周回有人拠点
ゲートウェイ
ゲートウェイは月の周回軌道に建設される宇宙ステーションで、月面への着陸や物資輸送の「玄関口」となる
©NASA

そして、人類は火星を目指す
ゲートウェイは、月面での探査や生活の拠点としての役割を担い、将来は火星への「玄関口」にもなる

ベースキャンプを拠点として、将来は巨大な月面基地の建設も計画されている　©清水建設

月

有人月着陸船（HLS）
ゲートウェイに到着後、宇宙飛行士はHLSで月に向かう。HLSは何度も再使用される

起伏の激しい月面を自在に探査するため、月面探査車が大活躍する予定　©NASA

「アルテミス計画」で使われるブルーオリジン社のHLS「ブルームーン」©Blue Origin

重力の小さい月面に、基地や住宅を建てるための技術開発も進んでいる

©AI SpaceFactory

5

第1章

月へ行くための新しい中継基地ってどんなもの？

月

宇宙開発の新たな玄関口が誕生！

● ゲートウェイ／NASA、ESA、JAXA、CSA ほか

第3巻「暮らす」で最初に取り上げるのは、アメリカを中心に建設計画が進む、新たな宇宙ステーション「ゲートウェイ（英語で「玄関口」という意味）」の技術です。

月を回る軌道（周回軌道）上のこの宇宙ステーションは、文字通りこれからの宇宙開発の玄関口として、2030年代から本格化が予想される月面探査を支援する拠点です。その役割はさまざまで、無人の月探査機をコントロールする通信の中継基地になったり、宇宙船で訪れた宇宙飛行士や物資補給機で届けられた物資をランダー（月着陸船）で月面に運ぶ際の基地になったりします。さらに月面で事故などが起きた場合の避難所としての機能も期待されています。ゲートウェイの建設で、これからの月面探査は地球との間を何度も往復せ

地球と月や火星を結ぶ
中継基地として
活躍するよ！

ゲートウェイ

*NASAの図版をもとに作成

ISS

©JAXA

ゲートウェイ

重さ	約70t（ISSの約6分の1）
滞在宇宙飛行士	4名
宇宙飛行士滞在日数	年間30日（当初）

ゲートウェイについて知ろう！

滞在可能な宇宙飛行士は4名

ゲートウェイの重さはISS（国際宇宙ステーション）の約6分の1とコンパクト。ISSでは常時7名の宇宙飛行士が1年中滞在できるが、ゲートウェイでは滞在できる飛行士は4名で、当初は年間30日程度の滞在が計画されている

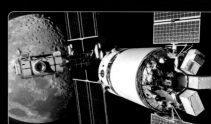

地球

ゲートウェイはロケットで打ち上げた各モジュールや無人宇宙船が運んだ物資を使い、月周回軌道上で建設される（想像図）
*2点とも＝©NASA

オリオン宇宙船

ゲートウェイ

4人の宇宙飛行士を乗せて、月を周回することから「月周回有人拠点」とも「月近傍有人拠点」ともいわれるゲートウェイ（想像図）。軌道面を常に地球に向けて、非常に細長い楕円軌道で周回する。ゲートウェイはこれまでの月探査衛星などと異なり、約6日間の周期で月を南北方向に回る「NRHO軌道」に建設されるため、ゲートウェイが月の裏側に隠れることなく、地球との通信が常に確保されるのも大きな利点。「アルテミス計画」の中心となるゲートウェイの完成によって、月面基地建設や月での暮らし、そして火星探査はいよいよ現実のものとなる
©NASA

NRHO軌道

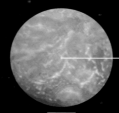

地球

平均38万km

最も月に近い近月点

北極

南極

月

「NRHO軌道」

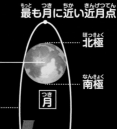

ゲートウェイ

最も月から遠い遠月点

ゲートウェイの軌道

ゲートウェイの周回軌道は、月面からの高度が近いときは4000km、最も遠いときは7万5000kmというとても細長い楕円軌道。月の北側よりも南側を長く回るため、基地建設が予定されている南極側を長く観測できる　*JAXAの図版をもとに作成

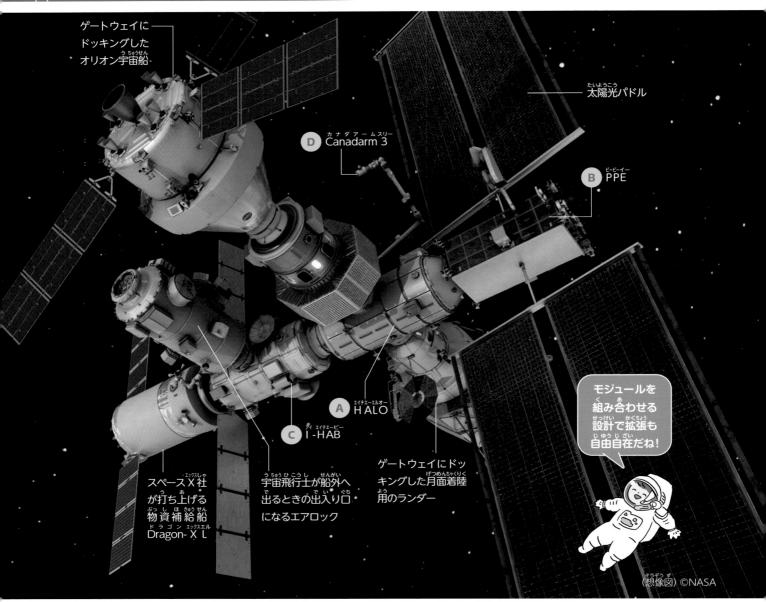

ゲートウェイに
ドッキングした
オリオン宇宙船

太陽光パドル

D Canadarm3

B PPE

A HALO

C I-HAB

スペースX社
が打ち上げる
物資補給船
Dragon-XL

宇宙飛行士が船外へ
出るときの出入り口
になるエアロック

ゲートウェイにドッ
キングした月面着陸
用のランダー

モジュールを
組み合わせる
設計で拡張も
自由自在だね！

（想像図）©NASA

ゲートウェイはこうして完成する！

軌道上でのゲートウェイの建設は、ISSの場合と同じようにプロジェクト参加各国提供のモジュールを1つずつつなぐことで、少しずつ組み立てていきます。最初のモジュールは2025年以降に月の周回軌道上に投入され、人類の月着陸の中継基地として活用される予定のゲートウェイの第一歩が始まります＊。その後、次々に打ち上げられるモジュールによって、ゲートウェイの機能のおもな部分はひと通り完成し、4名の宇宙飛行士が90日間滞在できる規模になる予定です＊＊。

基本となるモジュールは、電力供給や通信・軌道変更のためのPPE、居住・実験と宇宙船や月着陸船ドッキング用のHALO、船外作業用のロボットアームなどです。日本のJAXAからは居住用のI-HABや補助バッテリーのほか、新型宇宙ステーション補給機HTV-Xを提供します。将来は居住用のモジュールなどがさらに追加され、ゲートウェイの規模もどんどん大きくなるでしょう。

＊なおゲートウェイを使わず、オリオン宇宙船とスターシップHLS（11ページ参照）で直接、月へ着陸する計画もある
＊＊当初は1年に30日程度だけ滞在し、残りの期間は無人で運用される

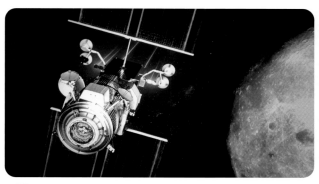

Ⓐ **HALO**（想像図）

NASAが最初に打ち上げる、酸素循環や水の製造などの生命維持装置を備えた居住スペース。複数のドッキングポートを備え、宇宙船やランダーと接続できる
©NASA

Ⓑ **PPE**（想像図）

こちらも最初に打ち上げられる、ゲートウェイの電力・通信のためのモジュール。太陽光パネルで発電し、軌道修正用の推進装置を備えたゲートウェイの心臓部
©NASA

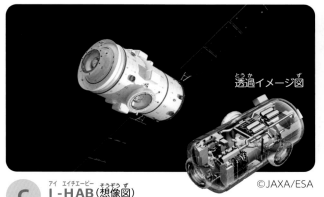

透過イメージ図

Ⓒ **I-HAB**（想像図）

JAXAとESA（欧州宇宙機関）が提供する、居住や実験・研究の設備を備えた「国際居住棟」。船外へ出る際のエアロックがドッキング可能で、2026年以降に打ち上げを予定
©ESA

Ⓓ **Canadarm 3**（想像図）

CSA（カナダ宇宙庁）が提供する、船外活動に役立つロボットアーム。長さが8.5mもあり、ゲートウェイ内からの操作で、船外の作業を行うことができる
©CSA/NASA

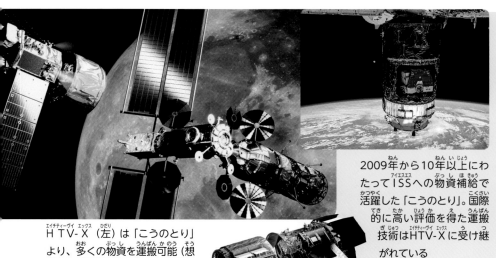

HTV-Ｘ（左）は「こうのとり」より、多くの物資を運搬可能（想像図）。内部電源を備え、低温に保つことが必要な物資にも対応でき、運搬後は「実験室」としても使える　＊3点とも＝©JAXA

2009年から10年以上にわたってISSへの物資補給で活躍した「こうのとり」。国際的に高い評価を得た運搬技術はHTV-Xに受け継がれている

HTV-Xの機体内部
（透過イメージ図）

コラム

ゲートウェイの命綱
物資補給はおまかせ

　地球からの距離が約38万kmと、遠く離れた月の軌道上に作られるゲートウェイにとって、最も重要なのが物資の輸送です。探査や研究のための資材・機器のほか、滞在する宇宙飛行士の生命にかかわる食料や生活用品の輸送には、スペースX社の物資補給船Dragon-XLが用いられます。JAXAが提供する「こうのとり」後継機のHTV-Xも、これに協力する予定です。

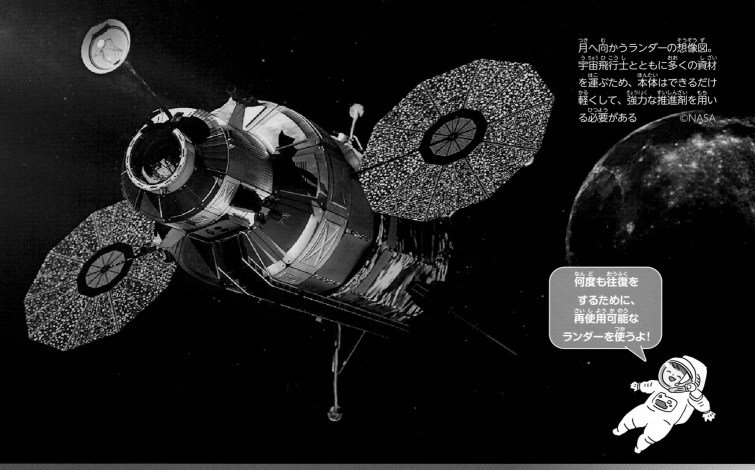

月へ向かうランダーの想像図。宇宙飛行士とともに多くの資材を運ぶため、本体はできるだけ軽くして、強力な推進剤を用いる必要がある　©NASA

何度も往復をするために、再使用可能なランダーを使うよ!

第2章

月面への着陸や探査にはどんな技術を使うの?

　この章では、「アルテミス計画」で近い将来に行われることが計画されている、有人による月着陸と、月の探査に必要な技術について説明します。

　「アポロ計画」では、宇宙飛行士はそのつど月に行って地球に帰って来ていましたが、今回は中継拠点のゲートウェイとの間を行き来して、継続的に探査を進めていきます。そのためランダー（月着陸船）も、くりかえし使用できるような設計にすることが検討され、推進剤の選択のほか、1段式と2段式*の選択が重要になりました。

　考慮した結果、「アルテミス計画」のランダーは再使用可能な1段式に決定しました。地球を飛び立った宇宙飛行士はゲートウェイにドッキングされたランダーに乗り換えて月を目指し、月での探査を終えた後はふたたびランダーでゲートウェイへ帰還することになるのです。

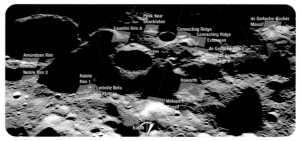

NASAが発表した月面着陸の候補地。月の南極の近く、四角い青の部分のいずれかに着陸することが計画されている　©NASA

*「アポロ計画」で用いられたランダーは2段式で、着陸のときは下の段（降下用）を使って、月面を離れるときは下の段を発射台にして、上の段（上昇用）を使って、宇宙船にドッキングした

ゲートウェイを利用しない月着陸計画も存在する。オリオン宇宙船で月へ向かった宇宙飛行士が、軌道上に待機する「スターシップHLS」に乗り移り、月面に着陸する計画が考えられている。NASAでは2026年以降の実施を予定している。右は月面に着陸したスターシップHLS (想像図)

©SpaceX

月周回軌道上でスターシップHLSとオリオン宇宙船はドッキング。宇宙船の宇宙飛行士はスターシップHLSに乗り移る。スターシップHLSは月の南極付近に着陸

＊NASA OIG presentation of Agency dataの図版をもとに作成

オリオン宇宙船　月　スターシップHLS

スターシップHLS

乗員数	2名
全長	約50m
直径	約9m
推進剤	液体酸素とメタン

スターシップの月着陸はこうなる！

月面への新たな一歩を実現する！

ゲートウェイからのランダーによる月着陸計画のほか、2026年以降、4名の宇宙飛行士が宇宙船によって直接、月の周回軌道に到達することが計画されています。そのうちの男女各1名が月に着陸する予定です。

ブルームーン

乗員数	2名
全長	約16m
推進剤	液体酸素と液体水素

2029年に計画されている「アルテミスV」では、「ブルームーン」がゲートウェイから宇宙飛行士を乗せて月へ向かう。推進剤に用いる液体酸素と液体水素は、月の氷から製造可能と考えられている (想像図)

©Blue Origin

NRHO軌道　月に着陸　ゲートウェイ　降下　ブルームーン　月　ゲートウェイ　ブルームーン　上昇　月から脱出

ゲートウェイに到着した宇宙飛行士は、ランダーのブルームーンに乗り換えて月面に行き、ブルームーンで月面からゲートウェイに戻る

＊NASAの図版をもとに作成

宇宙飛行士たちが乗って──きたランダー

宇宙服なしで運転できる月面探査車（ローバー）

宇宙服で月面探査を行う宇宙飛行士たち

NASAで開発中の月面探査車、LTV

初期のベースキャンプ。月面の滞在施設が完成するまではランダーや月面探査車に寝泊まりする（想像図）©NASA

月探査の拠点となるベースキャンプを建設

2029年に予定されている計画「アルテミスⅤ」では、宇宙飛行士2名が月面に約1週間滞在し、科学調査や月面探査を行います。その後は、年1回程度の月面での生活と探査を行うため「アルテミス・ベースキャンプ」と呼ばれる滞在用の拠点を建設。ベースキャンプの建設には、無人物資輸送宇宙船などであらかじめゲートウェイに送っておいた資材をランダーで運んで使います。

初めは数週間程度の滞在予定ですが、施設を少しずつ整備して、最終的に最大2か月の滞在を目指しています。過酷な月面で人間が生活するには、生命維持に欠かせない水と酸素のほか、安全な住居、食料、機器を動かすエネルギーなどが必要で、ISSや宇宙船でのこれまでの研究成果が活用されます。

NASAでは有人月面探査車（LTV）の研究を進めている。「アルテミス計画」では、LTVを利用して宇宙飛行士が月の南極地域をくわしく探査することが計画されている。この探査車は宇宙服を着て操縦する（想像図）　＊2点とも＝©NASA

燃料電池を使って走るルナクルーザー。内部の居住空間は13㎡でワンルームマンションほど。デコボコの多い月面でもパンクしない特殊タイヤを装備し、2〜4名を乗せて快適に走行できる（想像図）　©TOYOTA

マイクロバス2台分の大きさなんだって

ルナクルーザー

乗員数	2名（緊急時は4名）
大きさ	全長約6×幅約5.2×高さ約3.8m
内部の広さ	約13㎡

月面を走るルナクルーザー！

ルナクルーザーの運転席には与圧機構が組み込まれているので、宇宙飛行士は宇宙服を着る必要がなく、ランダー内の格好そのままで乗り込むことができる（想像図）　©TOYOTA

日本でも開発中！
有人月面探査車

　大気がほとんどない月面で、ランダーの外での活動を行う際は酸素タンクを備え、内部の気圧を調節した宇宙服を着ることになります。また、月面での移動には月面探査車（ローバー）などのモビリティ（移動手段）が使われますが、LTVと呼ばれる探査車（12ページ）では宇宙服を着る必要があり、長時間の探査には不便です。そこで開発が進められているのが、宇宙服なしでの移動が可能な有人与圧ローバーです。

　JAXAがTOYOTAと共同研究している「ルナクルーザー」は、真空下で強烈な宇宙線、激しい温度差に耐え、六輪駆動のため、「レゴリス」と呼ばれる月の砂状の表面でも安全・確実な移動が可能です。自動運転機能をもち、月面を最大1万kmも走行できる性能があるとされ、「アルテミス計画」でも活躍が期待されています。

第3章

月の基地は、どうやって建設するの？

　2040年頃には、いよいよ月に住むことが現実となっているかもしれません。月面は、大気もなく水も氷の形で地下にわずかに存在するだけの上に、有害な宇宙線が降り注ぐ過酷な環境です。そのため、人類が活動するには、拠点作りが重要になります。それが月面基地です。この章では、現在、月面基地がどのように計画されているのか紹介します。

　「世界で初めて女性を月に送る」ことを大きなテーマに掲げて「アルテミス計画」を進めているNASAは、月面前哨基地「LINA」の建設を計画しています。2022年、NASAは月面の長期滞在や月面からのロケット打ち上げの補助を行う予定のLINAのデザインを発表しました。LINAは自律して動く３Dプリント*ロボットによって建設される予定です。

　また、ESAも、月に住む「ムーンビレッジ構想」を提唱し、レゴリスを有効活用して拠点となる基地を建設することを計画しています。地球から建設資材を運ぶのは、たいへんコストがかかるため、月にある資源を利用することはとても有益です。

＊３Dプリントは、データをもとに素材を積み重ねて立体的な物を作る技術（24ページ参照）

月面基地にはいろいろなアイデアがあるんだね！

ESAが計画している月面基地は、圧力によってふくらますドームや円筒形の基地をもつ。右の想像図にはレゴリスでおおわれた基地が見えるが、ESAはレゴリスから酸素を取り出す研究も進めている

©ESA/P. Carril

● ムーンビレッジ構想／ESA

レゴリス

円筒形基地

植物栽培ドーム

14

NASA が計画する
月面前哨基地LINA

● **LINA** ／ NASA、AI SpaceFactory

　この特徴のあるアーチ構造は、最小限の建設資材で壊れにくい建物を建てる実験のなかで生まれました。宇宙飛行士はこの建物によって、小さな隕石や有害な宇宙線、月の極端な寒暖差（昼は110℃、夜は－170℃）から身を守ります。

　特殊な建築資材と月のレゴリスで建設されるLINAは、日照時間が長く、太陽光発電が長時間可能な月の南極に位置するクレーター付近に建設することが予定されています。

（想像図）©AI SpaceFactory

LINA のユニットの構造（想像図）

月面探査車を格納するユニット

高さ約5mのアーチ構造。最小限の建築資材で作られていて頑丈で壊れにくい

居住モジュールを収納するユニット。各ユニットの面積は約75㎡

3つの独立ユニットのうち、通信機器などを収める部分

©AI SpaceFactory

15

レゴリスを使って
インフラ建設や資源開発

● 月面基地／清水建設

JAXAと清水建設は、レゴリスを材料にしたコンクリートで月面基地などを建設することを研究中です。右はその想像図ですが、中央の小さな六角柱の一つひとつが部屋で、その集合体で大きな基地を作ることが考えられています。

©清水建設

「かぐや」は21世紀の月探査の先がけになったんだよ

月の謎を探った月周回衛星「かぐや」（想像図）

©JAXA

● かぐや／JAXA

2007年に打ち上げられ、月に向かい、月周回軌道に投入された。その後、月の起源と進化を解明するデータを集め、月利用の可能性の調査・観測も行った。月周回中の姿勢制御技術、熱制御技術の開発なども担った

月周回衛星 かぐや

大きさ	約2.1×2.1×4.8m
重さ	約3t（主衛星と2機の子衛星の総計）
軌道	月周回軌道
周期	約2時間

インタビュー

「地産地消」で月の建物作り

JAXA宇宙探査イノベーションハブ ハブ領域インテグレータ

金森洋史さん

私は清水建設という会社で長年、レゴリスを材料にしたコンクリート作りを研究してきました。今はJAXAとタッグを組んで、月への移住について研究しています。人間が月に住むために必要となるのが、建設資材を現地の材料で作り、それを使い建設する「地産地消」の技術。ロケットで宇宙に物資を運ぶのはたいへんお金がかかるからです。

月でコンクリートを作るために、レゴリスを押し固めたり、焼き固めたりする方法を考えています。ロボット建機を活用した月開発も考えています。

JAXA相模原キャンパスに立つ金森洋史さん

©JAXA

月面開発のカギを握るレゴリス

　月の表面に広がる微細な砂や粉塵。それがレゴリスです。大きさは1mmからその15分の1ほどで、宇宙から飛んできた隕石が月に衝突し岩石が砕けてできたと考えられています。

　ガラスや鉱物が含まれているレゴリスは、コンクリートの材料として研究されています。月面のどこにでもある物質ですから、これを材料にできれば月面の建物などの建設はスムーズになるでしょう。建物をレゴリスでおおえば、小隕石の衝突などから建物を守ることもできます。レゴリスから水素や酸素を取り出す研究も進んでいます。

　素材として期待される一方、微細なレゴリスはやっかいな物質でもあります。機械に入り込めば故障の原因になり、宇宙飛行士が吸い込めば健康被害を引き起こします。レゴリスの活用とレゴリスからの防護、それぞれが月面開発のカギを握っているのです。

1969年7月21日、月面に降り立ったバズ・オルドリン宇宙飛行士。アポロ11号でアームストロング宇宙飛行士に続いて、人類2番目の月面歩行を成し遂げた（左）。月面のレゴリスの上に足跡がくっきり残った（下）
＊2点とも＝©NASA／AFP

月面基地建設で活躍予定のロボットたち！

地球より作業する環境がずっと過酷な月面では、ロボットを使わない建設は不可能です。活躍が期待されているロボットを2つ紹介しましょう。

●「シャクトリ虫」型ロボットアーム／GITAI

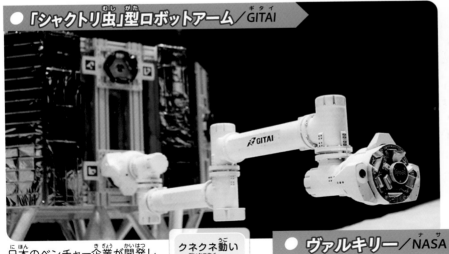

日本のベンチャー企業が開発した汎用ロボットアーム。シャクトリ虫のように移動し、太陽光パネル装置の取り付けから、ねじ締めまで、さまざまなことができる

©GITAI

クネクネ動いて大活躍

● ヴァルキリー／NASA

危険な環境で作業を行う高さ約188cmの人型ロボット。写真はNASAが進める「ロボノート」計画のバージョン3のもので、マサチューセッツ工科大学などに提供され、改良が進められている

©NASA

若田光一宇宙飛行士 ©JAXA

JAXA宇宙飛行士 若田光一さん
宇宙での暮らしはどうですか？

2023年3月12日、若田光一宇宙飛行士が約155日間のISS滞在から地球に帰還しました。
若田さんは1996年のスペースシャトル搭乗以来、5回の宇宙飛行を体験しました。
そのうち3回はISSに長期滞在し、宇宙滞在時間は計504日18時間35分にも及びます。
宇宙に飛び立った日本人飛行士のなかで、いちばん長く宇宙に滞在しています。

Q 宇宙での暮らしで大変なこと、逆に楽しいことは何ですか？

地球の周回軌道で自由落下し続けているISSは、見かけ上の重力がない微小重力の閉鎖環境になっています。作業中に小さな部品を見失うと見つけるのが大変ですし、補給や再生にもコストがかかる水はとても貴重なため、シャワーやお風呂も使えません。でも、人間の適応力はすばらしく、1週間も過ごすとそうした環境にも慣れます。水を使わないシャンプーに代わる洗髪シートなど新しい生活用品が次々に開発されていて、宇宙の暮らしはどんどん快適になっています。

楽しいのは何といってもISSから地球の姿を見ることですね。青く輝く「ふるさと地球」は本当にすばらしい光景です。ISSは1日に地球を16周します。半年も滞在していると3000周くらい回りますが、昼と夜、季節ごとの変化に驚かされますし、限りなく広がる宇宙に浮かぶ地球を見ていると、地球、そしてそこに住む私たち人類の存在がいかに小さいかを感じます。

Q 宇宙での食事や睡眠は、どのようにしているのですか？

食事は、アメリカとロシアが提供する標準宇宙食のほか、日本をはじめ、ほかのISS参加国が提供する嗜好食メニューもあります。白米やカレー、さば缶などの「宇宙日本食」（31ページ参照）はおいしくて衛生管理の技術も高く大人気の食品です。みんなが集まって自国の味をシェアし合うことは、クルー全体の円滑なコミュニケーションを保つためにも役立っています。

睡眠は細長い大きなロッカーのような寝室のなかでとります。寝袋を軽く固定し、ふわふわした状態で寝ます。どこからも圧力を感じないので、とても快適なんですよ。

▲台湾の学生が考えた微小重力環境での水の渦の発生実験を行う若田さん

◀ISS内の寝室で寝袋に入る若田さん

Q ISSの船内ではどんな仕事をしているのでしょうか？

ISSでは微小重力を利用した基礎科学実験や、新しい医薬品や材料を開発するための実験のほか、将来の有人の月・火星探査に備えたさまざまな研究を行っています。たとえば、汗から飲料水を再生するシステムの開発には微小重力環境での水の浄化の実証実験が欠かせませんが、この実験のためには低重力が人体に与える影響（骨や筋肉の衰えなど）も調べる必要があります。ISSでは、SDGsに寄与する人材育成に関するミッションも行われており、たとえばアジア・太平洋地域の学生からの公募により提案してもらった実験を実施したり、宇宙へのアクセスがむずかしい国々からの初めての超小型衛星をISSから放出したりと、私たちの仕事はさまざまです。

▼ISSから地球に届けた若田さん撮影の富士山。「広大な宇宙のなかで地球を目にすると、自分にすばらしい故郷があると幸せに感じる」と若田さんは語る

©JAXA

▲新型太陽電池アレイ設置のための台を取り付ける船外活動を行う若田さん

◀クリスマスを祝う若田さんと同乗の宇宙飛行士たち

2023年1月の若田さんの船外活動を見てみよう！

Q 去年決まった新しい宇宙飛行士の候補者にはどんな期待がありますか

諏訪理さんと米田あゆさんという、本当にすばらしく、頼もしい仲間がチームに加わってくれてとてもうれしいです。しっかりと訓練を積み、近い将来、ISSや月探査で活躍することを期待しています。月探査においてはこれまでJAXAは世界各国の宇宙機関から厚い信頼を得てきました。日本人による初めての月着陸実現の日ももうすぐそこに来ています。諏訪さん、米田さんをはじめJAXAの宇宙飛行士の仲間による月探査の実現に向けて私も全力で支援していきたいと思います。

諏訪理さん（左）と米田あゆさん（右）
©JAXA

Q 宇宙飛行士の先輩として、読者へのメッセージがありますか？

宇宙というのは人類に限りない夢を与えてくれるすばらしい空間です。読者の皆さんにも広く宇宙に目を向けてほしいと思います。ISSで各国の宇宙飛行士と協力して活動をしていると、人類が国境を越えて手を結び合う大切さを実感します。そういう積み重ねが温暖化など地球規模の課題を解決するためには不可欠だと思います。地球も1つの「宇宙船」なのです。

世界に目を向けると、宇宙飛行士のいる国はまだまだ多くありません。そうしたなか、科学技術で世界に貢献している日本の存在はとても貴重だと思います。宇宙での活躍の場はISSがある地球低軌道から、月、火星へと広がっていきます。その取り組みのなかで日本のすぐれた技術で貢献してくれる仲間を歓迎します。皆さん一人ひとりが夢と明確な目標を定め、宇宙を切り拓いてくれる日を心待ちにしています。

若田光一さん プロフィール

JAXA所属、宇宙飛行士。1963年埼玉県生まれ。九州大学工学部航空工学科卒業。1996年、2000年、2009年、2013-2014年、2022-2023年と計5回、計504日18時間35分、宇宙に滞在。2回の船外活動時間は計14時間2分。2014年アジア初のISS船長就任。2023年時点で現役宇宙飛行士として活動期間は31年を超え、世界最長。

＊ISS内と船外活動の写真＝©JAXA/NASA

NASAが中心になって進めている「アルテミス計画」では、2028年までに月面基地の建設が始まる予定になっています。

月は地球とは別世界！

月は地球の衛星です。でも、月には地球とはまったくといっていいほど別の世界が広がっています。月には川も海もなく、地面は砂と石だらけ。植物は生えておらず、大気がほとんどないので雲がなく雨も降らず、呼吸に必要な酸素もない世界です。その上、石炭も石油もありません。

月の水から酸素も電気も作る

そんな月で酸素をどうやって手に入れるのでしょうか？　エネルギーはどうするのでしょう？

そこで期待されているのが水の利用です。これまでの探査で、月の地下には氷があると推測されています。その氷から水を作り、水を電気分解することで酸素と水素を取り出せます。人間が生きるために必要な酸素が手に入り、水素はロケットの燃料になります。さらに酸素と水素を使って、燃料電池で発電することができます。月の水は飲み水になり、また酸素にもエネルギーにもなるのです。

ここでは、日本をはじめ各国で研究開発されている月面におけるエネルギー作りの先端技術を紹介しましょう。

14秒で地面に届いた！
そっちはどう？

まだ160m……わぁ、35秒もかかったわ

緑と水の惑星、地球

クレーターがあちこちにありレゴリスにおおわれた月。重力が弱いため大気がほとんどなく、空はいつも真っ暗　©NASA

月の重力は地球の6分の1。地球では物が落下する速度は1秒ごとに約9.8m加速される（空気抵抗のない場合）。一方、月では約1.6m。1000mの高さからボールを落とすと地球では約14秒で地面に達するが、月では約35秒かかる

地球

月

月のおもなデータ

直径	約3476km（地球の約4分の1）
重さ	約7300×10^{16}t（地球の約81分の1）
重力	地球の約6分の1
表面温度	昼110℃・夜−170℃（現在の地球の平均気温は約14℃）
大気	ほとんどない
水	南極や北極の永久影に氷が存在
自転周期	約27.3日

月に氷があった！
氷から水を作ろう！

　宇宙空間に地球の水を運ぶのは簡単なことではありません。その上コストがかかるため、ISSに滞在する宇宙飛行士は、自分たちが排泄した尿を利用して、水をリサイクルしているほどです。ISSよりはるかに遠い月に人間が長期滞在するとき、地球の水に頼ることはできません。幸い、月には氷があると推測されています。その氷から水を手に入れることが考えられています。

クレーターの永久影に氷を発見

　2009年、NASAはインドの月探査機「チャンドラヤーン1号」に搭載した「月面鉱物マッピング装置（M3）」で、月の北極と南極の極域に氷の分布が確認されたとして、下の2点の画像を発表した。青色が氷の位置で、寒いところは暗く、暖かいところは明るく示されており、氷はクレーターの陰の部分、永久影と呼ばれる1日中、陽が当たらない極寒の場所の地下に集中していることがわかる。

　2009年にNASAが打ち上げた、月周回探査衛星「ルナー・リコネサンス・オービター」と月面に衝突した探査機「エルクロス」の探査データからも、氷の存在の可能性が報告されている。

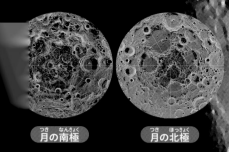

NASAが発表した氷の分布地図。青い部分が氷の位置。月の南極のクレーターの地下にあると考えられている氷は、NASAやJAXAによってさらにくわしく探査される予定 ©NASA

月の南極　　**月の北極**

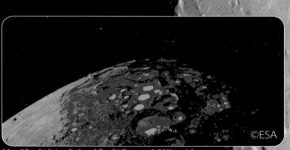

上は月の南極の地下に水が存在する可能性を示すマップ ©ESA

氷から水を作る方法

　地下の氷から水を取り出す方法として、地中にある状態のまま溶かし、気体にしてコンテナ内で液状化させる方法や、土壌ごと採取し、コンテナのなかで蒸留させる方法などが考えられている。水が作れれば、飲み水はもちろん植物の栽培にも利用できる。さらに酸素と水素に分解すれば呼吸用の酸素やロケットの推進剤が作れる。酸素と水素を反応させれば燃料電池を製造できる。これを機械や設備、移動手段の動力に利用できる。氷の発見によって、人類が月で活動する未来が開けてきたといわれている。

推薬生成プラント（想像図）。月の水を利用してロケットを飛ばす推薬（推進剤）を製造するプラント建設も構想されている ©JAXA

月の水を探査する探査機

　月の水の探査は、現在、計画中だ。NASAが2022年12月に打ち上げた「ルナー・フラッシュライト」は、月の南極付近のクレーターの永久影の内部を近赤外線レーザーで照射して氷の存在を調べるもの。JAXAとインド宇宙研究機関（ISRO）は協働で月の極域を探査する計画「LUPEX」を進めている。この計画では日本は月面探査車を開発して2024年度以降に南極地域で水の量、状態、分布を探査する予定。

クレーターの内部を探査するルナー・フラッシュライト（想像図）。スラスタエンジンの不調で予定の月周回軌道に乗らず、2023年5月、探査を断念した ©NASA/JPL-Caltech

LUPEX計画で月を探査する月面探査車（想像図）

インドが開発するランダー

日本が開発する月面探査車 ©JAXA

月面で使う電気の発電だけでなく月から地球に電気を送る太陽光発電も構想されている。「ルナリング」は月の赤道上にリングのように太陽電池を敷き詰めて発電し、マイクロ波レーザー光に変換して地球にエネルギーを伝送する（想像図）

©清水建設

月での発電技術 ▶ 1
地上より強力な太陽光発電

　月でのエネルギーを考えるとき、地球上で最も使われているエネルギー源の石炭や石油は運び込むことが難しいです。そこでエネルギーとしてあげられるのが電気ですが、電気を作る方法として次の3つの技術が考えられています。

　1つは、月面基地の想像図にしばしば描かれている太陽光パネルによる太陽光発電です。月では大気がほとんどないので、太陽のエネルギーが大気にさえぎられることなく降り注ぎます。そのエネルギーは地球上の約1.4倍ともいわれ、太陽光を電気に変える太陽光発電は月面基地や月面探査車のエネルギー源として期待されています。ただ夜は発電できず、月では昼が14日続いた後、夜が14日続くのが難点です。それでも月の北極、南極地域では1年のほとんどの期間、太陽光発電ができると考えられています。

月での発電技術 ▶ 2
酸素と水素で作る燃料電池

　太陽光に頼らない発電方式として、水素と酸素で電気を作る燃料電池システムが注目されています。地下に眠る氷から水を取り出し、水素と酸素を作る技術は、中学校の理科の授業で学ぶ水の電気分解と同じです。太陽光発電の電気で水を分解してできた酸素は呼吸用に利用され、さらに水素と合わせて電気を作ります。これが燃料電池システムです。

月での発電技術 ▶ 3
原子力利用による発電

　もう1つ、原子力発電も考えられています。NASAではロケットに搭載できる小型原子炉で、40kWの発電供給を計画しています。

　原子力発電はウランの核分裂で発生するエネルギーによって発電しますが、核融合で生まれるエネルギーの利用も研究されています。じつは月のレゴリスにはヘリウム3という元素が含まれており、ヘリウム3と重水素の核融合反応で、ヘリウム4と陽子ができ、そのとき膨大なエネルギーが発生します。核融合は現在研究が進められている技術で、原子力は事故の危険性を伴う技術ですが、将来のエネルギー技術として期待を集めています。

＊日揮グローバルの図版をもとに作成

月の地下に眠る氷を水に変える。取り出した水は、水から水素と酸素、そして電気および液化水素と液化酸素に変化させ、むだなく利用する

月では、こんなふうに電気を作る！

月には石油や石炭さらに酸素がないので、ガソリンを燃焼させて動かすエンジンは使えません。月面の工場、月面を移動する探査車、基地内の空調や調理、照明機器を動かすエネルギーは電気が頼りになります。その電気を作るために現在考えられている技術の仕組みを説明しましょう。

太陽光発電

「n型半導体」「p型半導体」が張り合わされた太陽光パネルを用いて、太陽の光エネルギーを電気エネルギーに変換して電気を作る

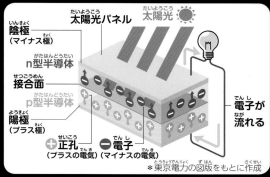

太陽光パネルに太陽の光が当たると、n型半導体にマイナスの電子がたくさん集まり、p型半導体にはプラスの「正孔」がたくさん集まる。導線を通って正孔へと移動する電子の流れを利用することで電気が生まれる

燃料電池

水に電気を流すと水素と酸素が発生する水の電気分解とは逆に水素と酸素を使って電気を作る。発電するときには水しか出ないので、火力発電のように二酸化炭素や大気汚染物質を出さない、環境にやさしい発電システム

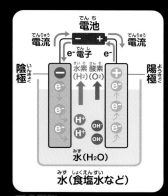

電気分解

水に電気を流すと、陰極では水素イオン（H^+）が集まり電子を得て、水素（H_2）の気泡が生まれる。陽極では水酸化物イオン（OH^-）が電子を失い、酸素（O_2）の気泡が生まれる

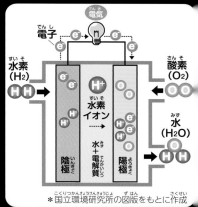

＊国立環境研究所の図版をもとに作成

燃料電池

陰極に水素を投入すると、電子と水素イオンに分かれる。陽極に酸素を投入すると電子が流れ込み、電気が生まれる。同時に電子と酸素がいっしょになり酸素イオンができ、これと水素イオンが合わさり水が発生する

核分裂

原子核に中性子が衝突して2つに分裂すると、膨大なエネルギーが発生する。原子力発電では原子炉のなかで核分裂を起こし、発生したエネルギーを熱に変換して水を蒸気に変える。その蒸気でタービンを回して電気を起こす

核物質のウラン235に中性子が衝突すると、ウラン235は不安定になり、2つに分裂。膨大なエネルギーが発生し、中性子が飛び出す。飛び出した中性子はウラン235に衝突し次々に核分裂が続く

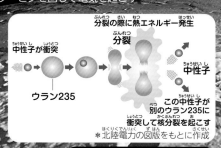

＊北陸電力の図版をもとに作成

NASAが月面での利用を考えている小型原子炉（想像図）。地球で組み立てられ、ロケットで月面に運ばれる

©NASA

核融合

複数の原子核が1つになる際、膨大なエネルギーが発生する。核分裂のように核廃棄物を残さない上、燃料の重水素は海に無尽蔵にある。世界中で研究が進められているが、実用化はまだ先の「夢の技術」

＊量子科学技術研究開発機構の図版をもとに作成

重水素と三重水素が1つになると、ヘリウムが誕生し膨大なエネルギーが発生する。地球の核融合で利用される三重水素の代わりに、月ではヘリウム3の利用が考えられている

＊電気分解の図版は『理科の図鑑』（誠文堂新光社）、『SUPER理科事典』（増進堂・受験研究社）を参考に作成

第5章

宇宙では衣・食・住はどうするの？

　月などの天体に人間が滞在したり移住したりするためには、人間に必要な住む住居、着る衣服、食べる食料をほぼ一から用意しなければなりません。私たちが生きていくのに必要なこうしたインフラ（社会的基盤施設）をどう整備していくのでしょうか。ここでは宇宙に「住む」、宇宙で「着る」、宇宙で「食べる」ために開発・研究されている技術を解説します。

住む

3Dプリントで建てる月面住宅

● プロジェクト・オリンパス／ICON、NASA

宇宙飛行士と月面住宅（想像図）。プロジェクト・オリンパスでは、宇宙船の発着台（画面中央右）や道路などの建設も計画されている

実際の3Dプリント技術が見られるよ！

　現在、NASAと民間のアイコン社は長期滞在用の月面住宅、宇宙船の発着台や防風シールド、道路などを建設する「プロジェクト・オリンパス」計画を共同で進めています。アイコン社では、自動で作業する「3Dプリント」ロボットを使ったインフラ整備の研究・開発を行っています。

　設計データをもとに、レゴリスなどを原料に利用して屋根や壁を作っていく3Dプリントの技術に大きな期待が寄せられています。

月のレゴリスを使って、インフラの基礎を築く「3Dプリント」ロボット（想像図）　＊上の2点の図版＝©ICON/NASA

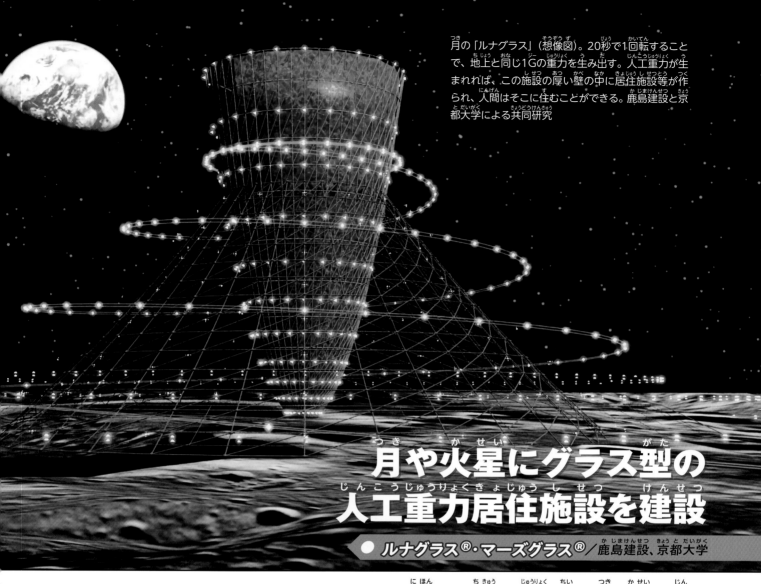

月の「ルナグラス」（想像図）。20秒で1回転することで、地上と同じ1Gの重力を生み出す。人工重力が生まれれば、この施設の厚い壁の中に居住施設等が作られ、人間はそこに住むことができる。鹿島建設と京都大学による共同研究

月や火星にグラス型の
人工重力居住施設を建設

● ルナグラス®・マーズグラス®／鹿島建設、京都大学

ルナグラスもマーズグラスも直径200mあるんだって！

日本では、地球より重力の小さい月や火星に「人工重力居住施設」を築く壮大な研究が始まっています。巨大なグラスのような居住施設を回転させることによって、地球と同じ大きさの1G*の人工重力を生み出そうというもの。この技術が完成すれば、低重力の環境で起きる筋肉や骨の衰えを防ぐことができるなど、さまざまな課題が解決するかもしれません。

火星の「マーズグラス」。巨大なワイングラスを回転させて生じる遠心力と火星の重力（地球の約3分の1）を合わせて、人工重力を生み出す（想像図）

ルナグラス

| 高さ | 約400m |
| 直径 | 約200m |

実現したらすごい！人工重力の世界

＊1Gとは地球上で私たちが受けている重力の大きさのこと。月や火星の重力は1Gより小さい

＊上と左の2点の図版＝©鹿島建設／京都大学

将来建設される月面基地のなかやISS内では気圧が地上と同じ1気圧なので、地上と同じ服装で活動できます。

一方、宇宙船の打ち上げ時や帰還するときに、宇宙飛行士が船内で着用する宇宙服が「船内与圧服」です。これは加圧して地上の気圧に近い状態にした宇宙服です。また、船外活動時には人体に有害な宇宙線や熱、真空状態から身を守るための機能を備えた宇宙服「船外宇宙服」を着用します。

船外宇宙服「EMU*」を着て船外活動を行う宇宙飛行士。NASAのこの船外宇宙服は、1980年代に設計・開発された。大気圧がない宇宙空間では船外宇宙服がふくらまないように、宇宙服の内部は0.3気圧に減圧される ©NASA

宇宙空間での活動を可能にする宇宙服

● 船内与圧服と船外宇宙服／NASA、スペースX

船内与圧服

「オリオン宇宙船」内で着用する「OCSS」。通称「オリオンスーツ」
©NASA/Joel Kowsky

「クルードラゴン宇宙船」用の船内与圧服は、軽量化されたワンピースタイプ ©SpaceX/ASTRAX

EMUの構造図　　　**船外宇宙服**

TVカメラ
通信用ヘッドセット
ライト
警告警報コンピューター
表示制御モジュール
サブリメーター
無線機
酸素制御アクチュエーター
アンテナ
宇宙服アセンブリ
水タンク
汚染物質除去カートリッジ
主酸素タンク
二次酸素タンク
エアロックアンビリカル結合部
温度調整バルブ
カラー・ストライプ
生命維持装置
冷却下着

＊NASAの図版とJAXAの解説用語をもとに作成

宇宙空間や月面で活動するときは宇宙服を着用する。上図はNASAが現在使用している船外宇宙服EMUで、宇宙飛行士は全身をすっぽりおおう宇宙服アセンブリを身につけ、生命維持装置を背負う。宇宙飛行士は、水を通して体温上昇を防ぐチューブを縫い込んだ冷却下着を素肌に着用する。生命維持装置には酸素、水、バッテリー、冷却装置が収められていて、呼吸によって出る二酸化炭素を取り除き酸素を供給するとともに、宇宙空間に熱を逃がす働きもする。現在、次世代船外宇宙服「x EVAS」が開発されている

＊EMUは、船外活動ユニットを意味する「Extravehicular Mobility Unit」の頭文字をとった略称

宇宙でも野菜を栽培し、肉を育てることができる!

● 野菜工場・人工培養肉／NASA、スペースフードスフィア

宇宙船では食料など運べる物資の量には限度があります。では、月に住むときに食べるものはどうしたらよいのでしょうか? 月での食料生産の方法について紹介します。

野菜はすでにISSで栽培できることが実証されています。植物の栽培に適していないレゴリスを改良して、月面で野菜を育てる研究も進んでいます。では、タンパク質は? 注目されている技術に、牛や豚、鶏から採取した細胞の人工培養があります。ほかにも魚の卵を宇宙に運んで孵化させ、月面で養殖するアイデアや、スピルリナというタンパク質豊富な藻の一種を栽培して、そこからタンパク質を採取するアイデアもあり、月での「地産地消」が期待されています。

ISS内で大きく育った「東京べか菜*」を手に、うれしそうなアメリカのウィットソン宇宙飛行士
©NASA

NASAの野菜栽培プロジェクトは「Veggie」っていうんだ

種で運ばれ、ISS内のほとんど重力のない環境で、栽培用照明を受けて育つ野菜。現在までにレタス、レンズ豆、トマトなどが栽培されている。新鮮な野菜は宇宙飛行士の食事を豊かにし、野菜の成長は飛行士たちの心を和ませてくれる ©NASA

野菜などの植物を生産する月面工場（想像図）。完全自動化で人間の手をかけず、資源を循環させてムダなく育てる ©SPACE FOODSPHERE

*東京べか菜は東京で栽培が始まった葉物野菜。もともと冬が旬だったが現在は1年中手に入る

培養肉の作り方

すり傷や切り傷ができるといつの間にかさぶたができて傷が治ったりする自然治癒力を使った医療技術を再生医療技術という。その技術を用いて立体的な組織にすると、厚みをもった培養肉となる

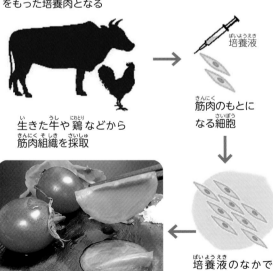

生きた牛や鶏などから筋肉組織を採取

培養液

筋肉のもとになる細胞

培養液のなかで細胞を大量に増殖させる

細胞を組織化し、肉の食感などを再現

上の写真は牛の細胞から作られた培養肉のハム。人工培養肉の研究は地球上の食料問題の解決にも役立つ。月での食料生産に取り組むスペースフードスフィアは、2030年代後半の月での培養肉の生産を目指す ©東京女子医科大学／早稲田大学

第6章 火星にはどうやって行くの？住める日は来るの？

月の次に、人類が目指すのは火星です。2030年代後半には人類が火星に降り立つと期待されています。そして月で学んだ知識や月で活躍した技術をさらに進歩させて、火星で活動していくことでしょう。

その火星は最も接近したときでも、地球から約5500万km離れています。5500万kmというのは月までの距離の140倍以上です。1969年のアポロ11号は約4日で月に到着しました。これに対して、火星に行くのに利用されるホーマン軌道*では約260日かかります。そして火星に降り立つと地球に帰還するチャンスは出発から約2年2か月後です**。火星で1年半ほど暮らさなければなりません。

火星でどうやって暮らすのでしょう？ そのために考えられている火星探査プロジェクトや暮らすための構想を紹介しましょう。

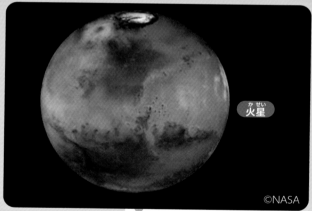

©NASA

写真上部の白い部分は火星の北極の「極冠」。氷や二酸化炭素のドライアイスでおおわれている。火星には地球と同じような四季があり、冬になると極冠が大きくなり、夏は小さくなる

火星のおもなデータ

自転周期	24時間37分
公転周期	約687日
大気圧	0.006気圧（地球は1気圧）
気温	−130〜+30℃
重力	地球の約3分の1
地球からの距離	最接近距離 約5500万km

日本が進める火星衛星探査計画（MMX）

JAXAは地球と火星が接近する2026年度に、「火星衛星探査計画」にもとづく「MMX探査機」（2巻参照）を打ち上げる予定です。アメリカのバイキング1号の火星着陸（1976年）をはじめ、アメリカのNASA、ソ連（現ロシア）、中国、ESA、インド、アラブ首長国連邦が火星周回探査機や火星探査車を打ち上げていますが、通信が途絶えるトラブルなどで成功率は高くありません。1998年打ち上げのJAXAの「のぞみ」はエンジンと電源のトラブルで火星周回軌道に乗ることができませんでした。火星探査では火星に近づくだけでも大変なのです。

「火星衛星探査計画」では、MMX探査機を火星の衛星フォボスに着陸させ、「はやぶさ2」が成功させたサンプルリターン（2巻参照）を行います。そのためには火星に行って、火星から帰ってくる往還技術や、地上との通信を途絶させない技術が必要です。MMX探査機にはそうした技術を確立する目的もあります。最終的には、フォボスに宇宙基地を建設して、地球を周回するISSのように、火星探査の前進基地にするアイデアもあります。

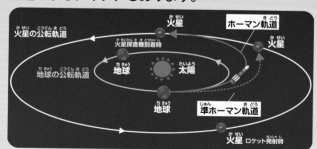

ホーマン軌道を利用すると最も少ない燃料で火星に行ける。火星に探査機が着くとき、地球は火星を追い越しており、火星はロケットを打ち出すときの地球から見て、太陽の反対側に位置している。準ホーマン軌道の場合、ホーマン軌道より早く火星に行けるが燃料の消費は増加する

*ホーマン軌道は、たとえば地球からほかの惑星に行く場合に、エネルギーを最も効率よく利用して行くための軌道
**地球と火星は約2年2か月（26か月）ごとに接近する。このときが火星へ行くチャンス、火星から地球に戻るチャンスになる。打ち上げ後8か月で火星に到着すると、打ち上げの2年2か月後にくる火星出発のチャンスまで約18か月（1年半）待つことになる

フォボス軌道上の高度40kmから直径が約22kmのフォボスを観測するMMX探査機（想像図）

フォボスを探査するMMX探査機

火星上空約6000kmを周回するフォボスに着陸するMMX探査機（想像図）。背後には「赤い惑星」火星が見える　＊2点とも＝©JAXA

火星を第二の地球に——テラフォーミング

火星で暮らすには、酸素、水、電力、食料、住居のすべてを一から作り出さなければなりません。有害な宇宙線を防ぐため、最初は地下のシェルターで暮らすことになるでしょう。続いて地上にドーム型の住居が建てられ、ドーム型の植物工場が建設されるでしょう。さらにある地域を巨大なドームでおおい、そのなかに工場も都市も作ることが考えられています。

2100年以降にはたくさんの人たちが住むと予想する人もいます。いずれは火星を第二の地球にするという構想があります。「テラフォーミング」と呼ばれるこの構想では、火星の大気を窒素と酸素を含む地球の大気に近づけ、大気の保温効果で気温を上昇させます。大気と大気圧、気温がほどよくなり、地表に液体の水が現れます。このような環境を作るために、火星軌道上に巨大な反射鏡やレンズを置き、太陽光を火星に当てて、極地にある氷から水を作り、ドライアイス状態の二酸化炭素を温めて蒸発させることが考えられています。この方法でのテラフォーミング完成には100年から1000年かかるといわれています。

このほかに、最終的には火星全体をドームでおおい、そのなかで暮らす「パラテラフォーミング」という構想も考えられています。

火星に人類が暮らすためには、有害な宇宙線から身を守らなければならない。初期は地下シェルターや地表のドーム型の建物で暮らし、地球から移住する人々の増加とともに「ドーム都市」に発展させることが考えられている（想像図）　作画：Spongy101010

渡辺勝巳先生の なるほど宇宙授業

3時間目

先生、宇宙の技術が地球でも使われているって本当？

第5章では月や火星で「住む」「着る」「食べる」ために研究開発されている「宇宙技術」を紹介しました。1957年の「スプートニク1号」以来、宇宙技術はどんどん高度になり、地球の暮らしにも使われているものがたくさんあります。その例を2つお話ししましょう。

夢の鉄道、車の安全に「宇宙の技術」

東京・大阪間を時速500kmで走る次世代高速鉄道のリニア中央新幹線のリニアモーターカーは先頭車両の「長い鼻」が特徴になっています。長いトンネルを列車が高速で通過すると、トンネル内の空気が圧縮されて、出口で「ドン」と大きな音が発生したり周辺の住宅を衝撃波が襲ったりします。こうした影響を防ぐために長い鼻にされたのです。この形は、宇宙ロケットの打ち上げ時の事故に備え、事故による爆風がどこまでどんな強さで伝わるかをシミュレーションする技術の応用から生まれました。

もう1つ、自動車のエアバッグにも宇宙技術が使われています。車が衝突すると同時にエアバッグの点火装置が働き、0.03秒後にガスが発生してバッグがふくらみ衝突のショックを和らげてくれます。この事故からドライバーや同乗者を守る点火装置の技術には、「イプシロンロケット」の固体燃料の点火システムが応用されているものもあります。

実験走行中のJR東海のリニアモーターカー。長さ約15mの「鼻」をもつ先頭部の形はロケットのシミュレーション技術の応用から生まれた

ISSの無重力空間で「宇宙日本食」のラーメンを食べる油井宇宙飛行士。ISS内では手を離すとフォークがフワフワ浮かぶ

©JAXA/NASA

衝突が起きると瞬時に点火装置が作動、エアバッグにガスが充満して、衝突のショックを和らげる。点火の技術に、イプシロンロケット（左）の固体燃料点火装置の技術を応用したエアバッグが製造されている

©JAXA

JAXAの「宇宙日本食」に認証されたレトルトのビーフカレー（左）。チキン、ポークもそろっている（下）。JAXAではJAXAの基準にそった食品を「宇宙日本食」として認証している。ISSに長期滞在する日本人宇宙飛行士に日本食を楽しんでもらう目的で開発され、市販もされている。なお、微小重力空間では味覚が少し鈍くなるので、通常より濃い味付けにされている

©JAXA

©JAXA

宇宙飛行士も大喜びの「地球の技術」

　宇宙技術が地球で活用されている一方で、地球の暮らしを便利で楽しくする技術が、宇宙でも活躍しています。

　1969年に人類初の月面着陸に成功したアメリカのアポロ11号の飛行士が食べた宇宙食のなかに、NASA開発のレトルト食品がありました。その前年、世界で初めて、日本の食品メーカーが温めるだけのレトルトカレーを発売していました。宇宙食にレトルト食品が使われたことで、レトルトのカレーに人気が出たといわれています。

　お湯を注ぐだけで食べられるご飯やそのまま食べられるから揚げなどは、フリーズドライという技術で作られています。食品を凍らせ、真空凍結乾燥機と呼ばれる機械で、真空に近い状態にして乾燥させます。NASAは、この技術を改良して、お湯が使えるようになったアポロ宇宙船の時代からフリーズドライ食品を宇宙へ持っていっています。

　レトルトとフリーズドライのおかげで、それまで味気なかった宇宙船内の食事が待ち遠しいものに変わったといわれています。地球の食卓も、もちろん、楽しくなりました。そして地上より厳しい衛生管理や長い保存期間などが求められる「宇宙食」を作るための高度な技術は、防災食など地上の食品作りにも活用されています。

フリーズドライの仕組み

生の状態
水分

凍結後
氷

乾燥後
穴　　水蒸気

食物を凍結すると食物中の水分が氷になる。真空下で氷を気体に変えて外に逃がし乾燥させると、その部分は空洞になる。熱湯を注ぐと空洞に熱湯が入ってもとに戻る

＊農林水産省の図版をもとに作成

宇宙からの情報で美しい地球を守る

　1961年にユーリー・ガガーリン宇宙飛行士が「ボストーク１号」で地球を周回して以来、これまでに600人近い宇宙飛行士が誕生しました。宇宙飛行士たちは、宇宙から見た地球は美しく感動的だと語ります。

　その地球に、約35億年前、生命が誕生しました。ところが、地球の生物の種の約70〜95％が死滅するという大量絶滅が５回も発生しました。皆さんも知っているかもしれませんが、6600万年前の最後の大量絶滅では恐竜が滅びました。大量絶滅の原因には隕石の衝突、火山の爆発、気候変動などが考えられています。

　近年、科学者のなかから６回目の大量絶滅が近づいているという声が上がっています。原因は人間だというのです。人間の活動による地球温暖化、気候変動、大気汚染、海洋汚染などが大量絶滅を起こしかねないと警告しています。

　こうした人間が引き起こす環境変化を解決するためには、地上での観測だけでなく、もっと広い視点で地球全体を観測することが重要です。人工衛星という「宇宙の目」から地上ではとらえられない温暖化、気候変動などのデータが伝えられています。その情報を活用して、今起きている実態を把握し、そのメカニズムを解明していくことが求められています。

　宇宙からの情報をしっかり学んで地球をいじめないこと。そうして美しい地球を守っていきましょう。

お、地球の平均気温がまた上がったぞ

人工衛星を利用して大量絶滅なんて、絶対、防いでね！

監修

渡辺勝巳（わたなべ・かつみ）

1946年（昭和21年）、新潟県佐渡島生まれ。佐賀県立宇宙科学館アドバイザー。1957年、小学校5年生のときに旧ソ連（現ロシア）による人類史上初の人工衛星スプートニク1号の打ち上げの報道を聞いて以来、宇宙に魅了され、宇宙開発を追い続ける。1974年、宇宙開発事業団（現JAXA）に入社。一貫して広報・普及業務に携わり、青少年の教育の場でも活動。2007年、JAXA退職後も関係財団において宇宙に関する広報・教育活動に従事。2018〜23年、佐賀県立宇宙科学館館長。「宇宙飛行士、宇宙科学者への“夢”」は果たせなかったが、次世代を担う子どもたちにその“夢”を託したいという新たな夢を持って活動を続けている。著書・監修書に『完全図解・宇宙手帳』（講談社）、『「もしも？」の図鑑 宇宙の歩き方』（実業之日本社）、『宇宙飛行士入門』（小学館）、『やさしくわかる 星とうちゅうのふしぎ』『大解明!! 宇宙飛行士』（汐文社）など。

編集
株式会社クウェスト フォー
一般書から子どもの本まで、さまざまなジャンルの本を手がける編集チーム
入澤 誠　山口邦彦　黒澤 円　八田宣子

写真協力一覧
JAXA　NASA　ESA　CSA　スペースX　Blue Origin　AI SpaceFactory　ICON　GITAI
AFP　ASTRAX　Joel Kowsky　JPL-Caltech　P.Carril　鹿島建設株式会社
清水建設株式会社　トヨタ自動車株式会社　京都大学SIC有人宇宙学研究センター
一般社団法人スペースフードスフィア

表紙写真
表：ISSに滞在し、船外で新型の太陽電池アレイを取り付ける台の設置作業中の若田光一JAXA宇宙飛行士。船内では月や火星の探査を見据えたさまざまな実験に取り組んだ©JAXA/NASA
裏：（右上）月面を走るルナクルーザー（想像図）©JAXA/TOYOTA　（右下）新しく作られる「オリオンスーツ」（船内与圧服）©NASA　（左）月面上空を飛行するオリオン宇宙船（想像図）©NASA
背：ルナグラス®（想像図）©鹿島建設／京都大学

1ページ写真
月および火星の探査、滞在の中継基地の役割を果たすゲートウェイ（右）と新型宇宙ステーション補給機HTV-X（左）（想像図）©JAXA

ブックデザイン
株式会社ダグハウス
春日井智子　佐々木恵実　松沢浩治

図版制作
株式会社Office SASAI

編集担当
門脇 大

未来に飛び立つ 最新宇宙技術
③暮らす——アルテミス計画、火星衛星探査計画 ほか

2024年3月　初版第1刷発行

監修　渡辺勝巳
編集　株式会社クウェスト フォー
発行者　三谷 光
発行所　株式会社汐文社
　　　　〒102-0071　東京都千代田区富士見1-6-1
　　　　TEL 03-6862-5200　FAX 03-6862-5202
　　　　https://www.choubunsha.com

印刷　新星社西川印刷株式会社
製本　東京美術紙工協業組合

ISBN978-4-8113-3025-9